四季养生
小 海 鲜

黑伟钰 著

U0391268

山东教育出版社

编者介绍

　　黑伟钰，现任中国烹饪协会名厨委员会副主席，山东省烹饪协会副会长，山东省烹饪协会名厨专业委员会主任，山东省营养协会副主任委员，济南营养协会副会长。

　　黑伟钰，师从中国烹饪大师王兴兰，在国内外烹饪大赛屡获殊荣，由国家人力资源和社会保障部批准设立了"黑伟钰国家级技能大师工作室，"自工作室成立以来，起草编写了山东省首批20道鲁菜的标准，以及编著了《标准鲁菜》一书，凭借多年的烹饪经验以及丰富的营养膳食理念总结编写了40道四季养生小海鲜，参与菜肴制作的还有尚文彬、王斌、尹衍国、张永、邓学义、张大亮、温兴民、陈冰、张世生、高光海、卢吉涛、姚良军、宋保信、徐龙、潘庆顺、王延波、董德武、刘传翠、王朝阳、张国华、赵金新、杜其宏、崔兴强、宗健、雷建峰、刘立、张彩祥、李鹏、赵庆洲、谭昭军、刘同东、董加庆、耿仁泉、王明、李兴磊、邱培东、张磊、林盟，供广大读者参考、借鉴。

序

  随着大众生活水平的不断提高，小海鲜融入了百姓家庭饭桌，怎样做好小海鲜，怎样符合时令做好小海鲜，成为家庭主妇的一道难题，孔子八不食里有句话叫做"不时不食"，万物都要符合时令，如今当前社会餐桌上的食品是追求安全、营养、符合时令，反对反季节和添加抗生素的食品，编者按照多年的经验以及中国沿海城市海鲜四季出产的季节，百姓在普通农贸市场就可以购买到的小海鲜作为主要烹制原料，运用符合时令的海鲜食材加以合适的烹调方法，制作出健康、美味、更具营养的小海鲜菜肴供读者按时令借鉴、烹调。

目录
Contents

1

鲅鱼

介绍

　　分布于北太平洋西部，我国渤海、黄海、东海均有。每年3～5月份是青岛近海海域的鲅鱼捕捞旺季。鲅鱼肉厚坚实，呈蒜瓣状，肉色发红，味美，刺少。鲅鱼富含脂肪，鲜肥适口，多用于家常食用，洗净后即可烹制，最宜红烧，还适合红焖、清炖等；其肉还可制馅。鲅鱼含脂肪较多，易生油烧现象，陈变后还会产生鱼油毒，如不经处理，食后易中毒，须加注意。

营养

　　鲅鱼其肉质细腻、味道鲜美、营养丰富，含丰富蛋白质、维生素A、矿物质等营养元素；鲅鱼有补气、平咳作用，对体弱咳喘有一定疗效；鲅鱼还具有提神和防衰老等食疗功能，常食对治疗贫血、早衰、营养不良、产后虚弱和神经衰弱等症会有一定辅助疗效。

药理

　　中医认为，鲅鱼有补气、平咳作用，对体弱咳喘有一定疗效。

生活小常识：

　　◆　鱼怎样去腥

　　鱼腥味是因为鱼含三甲胺，在做鱼的时候加些酒就可以，因为酒精能够很好地液解三甲胺使其挥发，加点姜也可以。处理完之后可用柠檬汁洗手去除腥味。

鲅鱼

萝卜蒸鲅鱼

主料：鲅鱼400克

配料：青萝卜300克

调料：豆瓣酱20克，辣椒酱10克，色拉油20克，
　　　葱20克，味精5克，料酒20克

制作过程

1. 鲅鱼400克

2. 青萝卜300克

3. 鲅鱼冲洗干净，切成方块放入调料腌制

4. 青萝卜洗净切条

5. 把萝卜条和鲅鱼摆放在盛器中，入蒸车蒸，上气后10分钟取出即可

2

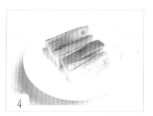

3

4

1

5

春韭煎鲅鱼

主料：鲅鱼400克

配料：韭菜250克

调料：盐10克，面粉100克，淀粉150克

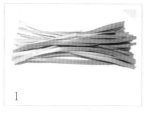

制作过程

1.韭菜250克

2.鲅鱼1条（约400克）

3.韭菜切成正方形的丁状

4.鲅鱼改刀成块并用盐腌
  渍入味

5.淀粉与面粉搅拌均匀

6.将淀粉、面粉和成糊状，
  将鲅鱼块逐个挂上面糊

7.将挂好糊的鲅鱼分别裹
  上一层韭菜

8.放入不粘锅内煎制成熟，
  摆盘即可

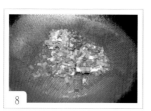

鲅鱼红烧肉

主料：鲅鱼500克

配料：带皮五花肉400克

调料：甜面酱50克，酱油30克，白糖3克，陈醋
10克，盐5克，葱姜片各10克，八角2个

制作过程

1. 主料鲅鱼500克
2. 配料带皮五花肉400克
3. 将鲅鱼宰杀干净，改刀成1厘米厚的大片
4. 将五花肉改刀成1厘米厚的大片
5. 锅底留底油，放入八角出香味，煸葱姜，飞甜面酱，放入酱油、陈醋，加入1000毫升水，放入鲅鱼和五花肉，加入其它调料，开锅后烧制20分钟待汤汁浓稠时，将烧制好的菜肴摆放入盘

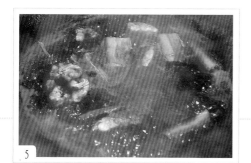

小海虾

介绍

　　生活于泥沙底的浅海，白昼很少活动，常潜伏泥中，夜间则十分活泼，不时游至海水的上、中层，捕食其他浮游小动物。分布于黄海、渤海及长江口以北各海区，为中国特产。

营养

　　小海虾营养丰富，且其肉质松软，易消化，对身体虚弱以及病后需要调养的人是极好的食物。虾中含有丰富的镁，镁对心脏活动具有重要的调节作用，能很好地保护心血管系统。它可减少血液中胆固醇含量，防止动脉硬化，同时还能扩张冠状动脉，有利于预防高血压及心肌梗死。虾的通乳作用较强，并且富含磷、钙、对小儿、孕妇尤有补益功效。

生活小常识：

◆ 如何挑选小海虾

　　在挑选时首先应注意虾壳是否硬挺有光泽，虾头、壳身是否紧密附着虾体，坚硬结实，有无剥落。新鲜的虾无论从色泽、气味上都很正常；另外，还要注意虾体肉质的坚密及弹性程度。劣质虾的外壳无光泽，甲壳黑变较多，体色变红，甲壳与虾体分离；虾肉组织松软，有氨臭味；带头的虾其胸部和腹部脱开，头部与甲壳变红、变黑。

小海虾

韭菜鸡蛋鲜虾汤

主料：小海虾200克

配料：韭菜10克，鸡蛋2个

调料：盐5克，香油5克，水淀粉10克，胡椒粉5克

制作过程

1.小海虾200克

2.韭菜10克，鸡蛋两个

3.将韭菜改刀成2厘米的段

4.锅中加适量水烧开，下入小海虾，至沸腾，虾变粉红色时，加入打好的鸡蛋；蛋花浮起时，放入韭菜烧开，加适量盐、胡椒粉调味用湿淀粉勾芡，淋香油装盘即可

5.将制作好的小虾汤盛入碗内即可

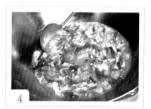

▓▓▓ 爬虾

介绍

  爬虾不仅味道鲜美，而且叫法极多。东北叫做"虾爬子"，北京叫"皮皮虾"，南方叫"爬虾"，广东等地叫"赖尿虾"，闽南叫"虾蛄"，还有的地方叫它"琵琶虾""BB虾""弹虾"等。爬虾的食用方法很多，无论是生食、炸、煮等，都能制成令人垂涎的美味佳肴。即便只用白水加盐煮一下，也鲜美可口。

营养

爬虾是一种营养丰富、汁鲜肉嫩的海味食品。其肉质含水分较多，肉味鲜甜嫩滑，淡而柔软，并且有一种特殊诱人的鲜味。对身体虚弱及病后需要调养的人是极好的食物。每年春季是其产卵的季节，此时食用为最佳。肥壮的爬虾脑部满是膏脂，肉质十分鲜嫩，味美可口。其蛋白质含量高达20％，脂肪0.7％，富含维生素、氯酸、肌苷酸、氨基丙酸等人体所需的营养成分。

药理

爬虾性温、味甘。有补肾壮阳、通乳脱毒之功效。

生活小常识：

◆ 如何挑选爬虾

选择爬虾，首先要注意它的新鲜度，鲜活的爬虾壳色发青有光泽为好。其次，要选择肉质厚实的虾，用手轻轻捏一捏虾，感觉肉质丰厚的好。再者，母虾肉质比公虾厚，并且有虾子，而母虾与公虾的最明显区别就在于，腹部靠近头颈的位置有三条乳白色的横线。

此外，透过灯光可以看见母虾背部中间有一条明显的实线，是虾子映衬所致，而公虾则通体一种颜色。如果是死的爬虾，以身挺结实、没有异味的为好。

爬虾

14

苜蓿爬虾肉

主料：爬虾肉200克

配料：鸡蛋2个，韭菜50克，木耳50克

调料：盐5克，葱姜蒜片各5克，花椒油5克

制作过程

1. 爬虾肉与木耳

2. 韭菜与鸡蛋

3. 将爬虾肉与木耳氽水备用

4. 鸡蛋打匀，锅中加底油，下
   入打好的鸡蛋炒熟捞出备用。

5. 韭菜切长3厘米的段，锅中留
   油下入葱、姜、蒜片煸出香
   味，下入爬虾肉、鸡蛋、韭
   菜、木耳，加少许盐淋花椒
   油，翻炒均匀

6. 将制作好的菜肴装盘即可

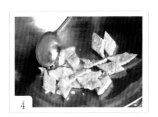

▓▒▒‖牙片鱼

介绍

    "牙片鱼"本名叫阿拉斯加大比目鱼。"牙片鱼"的叫法，是从"牙鲆鱼"演变而来的。牙片鱼是一种俗称，又由于其眼睛生在一边，又叫比目鱼，属硬骨鱼纲鲽形目，产于俄罗斯和我国交界地区。

营养

牙片鱼肉质鲜美，含油脂量较高，特别是鳍边和皮下含有丰富的胶质，为许多食客所推崇。

生活小常识：

◆ 怎样处理牙片鱼

先用打鳞器去掉鱼两面的鳞，把鱼翻到背面平放（就是白色的那一面）。它的鱼肠子不是随鱼刺遍布全身的，而是在腮下面，能用手摸到有肠子的部分是软软的，沿这部分软的区域向鱼鳍摸，在鱼鳍处有肛门，用剪子顺肛门沿着软区域剪到腮，拿出肠子，去掉鱼腮即可。

牙

片

鱼

蒜蓉蒸牙片鱼

主料：牙片鱼1条（约750克）

配料：青、红辣椒各1个

调料：蒜子50克，盐5克，味精5克，蒜油20克，
　　　蒸鱼豉油20克

1

2

制作过程

1. 活牙片鱼1条

2. 将牙片鱼宰杀洗净，双面打十字花刀

3. 蒜子切末、辣椒切末，加入盐、味精，蒜油搅拌均匀浇在鱼上

4. 放入蒸车蒸制15分钟

5. 蒸鱼豉油浇在鱼身上

6. 最后将热油浇在鱼身上即可

3

4

5

6

加吉鱼

介绍

加吉鱼又叫鲷鱼、班加吉、铜盆鱼。以辽宁大东沟，河北秦皇岛、山海关，山东烟台、龙口、青岛为主要产区，山海关产的品质最好。在黄海、渤海为4~6月个体肥满。

营养

其肉质细嫩、味道鲜美，煨汤味道最佳。营养丰富，富含蛋白质、钙、钾、硒等营养元素，为人体补充丰富蛋白质及矿物质。

药理

中医认为，加吉鱼具有补胃养脾、祛风、运食的功效。

生活小常识：

◆ 加吉鱼也能生吃

加吉鱼生吃的营养价值很高，它含有丰富的蛋白质，而且是质地柔软，易咀嚼消化的优质蛋白质。它也含有丰富的维生素与微量矿物质。脂肪含量低，却含有不少DHA等的ω-3系列脂肪酸。称得上是营养丰富且容易吸收的好食物。

加吉鱼

咸肉蒸加吉鱼

主料：加吉鱼1条（约500克）

配料：宁波咸肉100克

调料：葱丝20克，青红辣椒丝各5克，料酒20克，
　　　蒸鱼豉油10克

制作过程

1. 活加吉鱼1条
2. 宁波咸肉100克
3. 将加吉鱼宰杀洗净，鱼的两面打一字刀
4. 咸肉切成刀背厚的片

5. 将加吉鱼放入盘中，在鱼上面均匀摆上咸肉，加入料酒
6. 蒸制15分钟后，取出放入鱼盘内，放上葱丝、辣椒丝，淋蒸鱼豉油，最后淋上热油即可

3

4

2

5

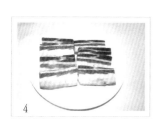
1

6

龙头鱼（九肚鱼）

介绍

　　龙头鱼分布于太平洋、印度北部的河口，为沿海中、下层鱼类，是中国沿海常见食用鱼类。一年中很多时候都能在市场上买到，农历五月的龙头鱼，数量多、价格低，也新鲜。龙头鱼体呈长形，头中等大，吻短而钝，眼小，口很大。龙头鱼身体柔软，体侧中央有侧线鳞一行。背鳍位于体的中部，约与腹鳍相对。胸鳍鳍条长，能伸达背鳍前部下方。头及背部灰色，体、腹部乳白色，具黑色细点。

营养

龙头鱼富含蛋白质，具有维持钾钠平衡、消除水肿、提高免疫力、调低血压、缓冲贫血的功效，有利于人体生长发育。富含胆固醇，维持细胞的稳定性，增加血管壁柔韧性。富含镁，提高精子的活力，增强男性生育能力。有助于调节人的心脏活动，预防心脏病。调节神经和肌肉活动、增强耐久力。

药理

治疗厌食、偏食；不易入睡、易惊醒；易感冒；头发稀疏；智力发育迟缓。

生活小常识：

◆ 如何鉴别龙头鱼的新鲜程度

简单的方法则是用手指轻按鱼身，若按下部位能马上弹回，则新鲜度佳，若缓慢反弹，或按的地方出现凹点，则不新鲜。

龙头鱼

脆炸九肚鱼

主料：九肚鱼8条（约500克）

调料：花椒盐20克，淀粉200克，面粉150克，
鸡蛋1个

制作过程

1. 新鲜的九肚鱼

2. 九肚鱼去头、去尾宰杀洗净

3. 将淀粉、面粉、鸡蛋和成面糊

4. 制作好的花椒盐

5. 将九肚鱼挂上面糊放入成热的油温中炸制，颜色金黄即可

 # 梭鱼

介绍

    梭鱼体被圆鳞，背侧青灰色，腹面浅灰色，两侧鳞片有黑色的竖纹。为近海鱼类，喜栖息于江河口和海湾内，亦进入淡水。性活泼、善跳跃，在逆流中常成群溯游，吃水底泥土中的有机物。体型较大，产于我国南海、东海、黄海和渤海。

营养

鱼肉中富含维生素A、铁、钙、磷等，肉质细嫩，有温中益气、暖胃、润肌肤等功能，是温中补气的养生食品。

药理

梭鱼肉有养血、明目、通经、安胎、利产、止血、催乳等功能。

生活小常识：

◆ 如何挑选新鲜梭鱼

1.观鱼眼。新鲜鱼的眼球饱满凸出，角膜透明清亮。次鲜鱼的眼球不凸出，眼角膜起皱，稍浑浊，有时眼内淤血发红。

2.嗅鱼鳃。新鲜鱼鳃丝清晰呈鲜红色，黏液透明，无异臭味。次鲜鱼鳃色变暗呈灰红色或灰紫色，黏液轻度腥臭，气味不佳。

3.摸鱼体。新鲜鱼鳞片有光泽且与鱼体贴附紧密，不易脱落。次鲜鱼鳞片光泽度差且较易脱落。

梭鱼

雪菜腊肉金蒜梭鱼

主料：梭鱼1条（约600克）

配料：雪菜50克，腊肉50克，蒜30克，香葱5克

调料：味达美10克

制作过程

1. 梭鱼1条（约600克）

2. 雪菜50克、腊肉50克、蒜30克、香葱5克

3. 梭鱼宰杀洗净，打一字刀

4. 雪菜切末，腊肉切片，蒜切末，香葱切末

5. 蒜末炸至金黄

6. 梭鱼用葱、姜、盐、味精腌制

7. 把雪菜、腊肉、蒜末均匀摆在鱼身上

8. 把鱼放入蒸车蒸15分钟

9. 蒸好的鱼撒上香葱末，淋热油，浇上味达美即可

梭鱼炒粉

主料：梭鱼1条（约600克）

配料：米粉250克，蒜50克，小米椒5克，五花肉
20克，香菜20克

调料：美极鲜酱油10克，盐3克，老抽2克

制作过程

1. 主料梭鱼1条（约600克）

2. 米粉250克、蒜50克、小米椒5克、五花肉20克、香菜20克

3. 梭鱼宰杀洗净，打上花刀

4. 米粉用温水泡软，五花肉切小丁，蒜切末，小米椒切丁，香菜取叶

5. 梭鱼放在热油中炸制成熟

6. 锅留底油煸肉末加蒜末、小米椒及其他调料

7. 调好口味，放入泡好的米粉

8. 将制作好的米粉浇在炸好的鱼上即可

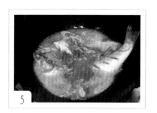

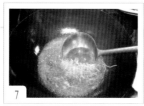

 花蛤

介绍

　　花蛤又称蛤蜊。中国南北沿海均有大面积养殖。广东、辽宁、山东和福建等沿海地区产量较多。但山东青岛的蛤蜊唯有红岛的蛤蜊最为鲜美、肥大。红岛地处胶州湾东北部，由于周边海域水质优良，拥有特殊的泥质滩涂，且微生物丰富，因此比较适合蛤蜊生长。此外，红岛蛤蜊因生长周期较短（通常在一年半左右），因此皮薄、肉嫩、味道鲜美。据介绍，红岛生产的花蛤，约占青岛市场的17%。

营养

花蛤肉味鲜美、营养丰富，蛋白质含量高，氨基酸的种类组成及配比合理；脂肪含量低，不饱和脂肪酸较高，易被人体消化吸收，还有各种维生素和药用成分。含钙、镁、铁、锌等多种人体必需的微量元素，深受消费者的青睐。蛤肉具有降低血清胆固醇的作用。它的功效比常用的降胆固醇的药物谷固醇更强。人们在食用蛤肉和贝类食物后，常有一种清爽宜人的感觉。

药理

中医认为，蛤肉有滋阴明目、软坚、化痰之功效，有的贝类还有益精润脏的作用。高胆固醇、高血脂体质的人以及患有甲状腺肿大、支气管炎、胃病等疾病的人尤为适合。

生活小常识：

◆ 花蛤怎样去沙

把它们放进一个盆子里，然后在水里加一点菜油，被菜油覆盖的一部分水与空气隔绝，贝类在水里就会觉得缺氧，会把身体伸出来呼吸，这样就达到了清洗的效果，如果想更干净的话，就多换几次水。

花蛤

生焖红岛花蛤

主料：花蛤750克

配料：葱20克，姜20克，香菜10克

制作过程

1. 活红岛花蛤
2. 葱、姜各20克
3. 将葱、姜改刀成大片，香菜切段
4. 将花蛤放入铁盘内，上面放入葱姜
5. 将铁盘放在卡式炉上，盖上盖，烧制3分钟撒上香菜即可

元宝花蛤

主料：花蛤200克

配料：油菜100克，猪肉馅80克，大葱10克，青红
辣椒各1个

调料：味达美20克

制作过程

1.花蛤200克

2.猪肉馅80克

3.小油菜100克

4.大葱、青红辣椒

5.花蛤用水氽开口，在空壳
　　边抹上肉馅

6.青红辣椒、大葱切成细丝

7.将抹入肉馅的花蛤蒸制成熟

8.花蛤上面撒上葱丝、辣椒丝
　　淋热油，油菜改刀，一同摆
　　入盘中即可

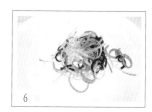

40

丝瓜花蛤氽蛋

主料：花蛤300克

配料：丝瓜300克，鸡蛋3个

调料：盐5克，料酒10克，葱5克，姜5克

制作过程

1.丝瓜300克

2.鸡蛋3个

3.丝瓜去皮切磨刀片

4.将鸡蛋打散，煎成鸡蛋饼

5.花蛤洗净后，放入烧滚开
的沸水中焯煮，加入料酒，
焯至花蛤张口，放入丝瓜。
（花蛤在烹饪之前要浸泡盐
水让其吐沙）

6.最后放入鸡蛋饼开锅即可

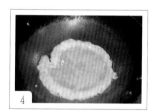

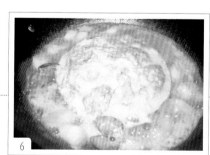

▋文蛤

介绍

俗称车螺，是青岛和大连的独特海产品，其肉嫩味鲜，营养丰富，为蛤类上品，素有"天下第一鲜"之称，还有很高的食疗药用价值。

营养

其软体部分含有大量的氨基酸、蛋白质和丰富的维生素，特别是组氨酸和精氨酸含量较高。现代医学研究发现，在文蛤中有一种叫蛤素的物质，有抑制肿瘤生长的抗癌效应。

药理

文蛤具有清热、利湿、化痰、软坚等功效。

生活小常识：

◆ 文蛤的储存方法

买回来的文蛤，放在清水中，放一点盐，不可以用淡水养。如果需要保存，可以将文蛤放入冰箱冷藏室。但是文蛤最好现吃现买，吃多少买多少，不要一次买太多。

文
蛤

文蛤蒸蛋

主料：文蛤100克

配料：鸡蛋4个，香葱末5克

调料：盐3克

制作过程

1. 文蛤100克

2. 鸡蛋4个

3. 鸡蛋磕入蒸碗内并打散，加入盐。倒入适量清水调匀，（鸡蛋：清水=1:1），将蛋液过筛一遍

4. 锅内适量清水，放入姜片

和蛤蜊，将蛤蜊煮至开口立即捞出沥水。将煮好的蛤蜊排放在鸡蛋液中，覆上保鲜膜，放置于适量清水的蒸锅内。大火烧开后，转中小火蒸10分钟左右，再关火不离锅虚蒸6分钟即可

5. 撒上香葱末，热油浇在上面即可

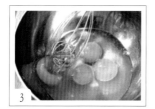

香螺

介绍

　　香螺又名响螺、金丝螺。分布于辽宁大连，山东（烟台、威海、日照）。香螺的吃法主要有白炒香螺、鲍鱼汁炒香螺等。

营养

香螺肉含有大量的蛋白质、脂肪、维生素及大量的微量元素，对人体有极大的益处。

生活小常识：

◆ 烹制香螺的禁忌

螺肉不宜与中药蛤蚧、西药土霉素同服；不宜与牛肉、羊肉、蚕豆、猪肉、蛤、面、玉米、冬瓜、香瓜、木耳及糖类同食；吃螺不可饮用冰水，否则会导致腹泻。

香 螺

酱爆香螺

主料：香螺500克

调料：甜面酱15克，姜片3克，糖2克，老抽3克，
香油5克

制作过程

1.香螺500克

2.将香螺在沸水中煮2分钟，把肉取出

3.取出的香螺肉

4.锅内放油烧热下姜片飞面酱，炒香烹入料酒加高汤、白糖、酱油、香螺炒至汤汁微干至熟

5.将炒好的香螺装盘即可

▓▓ 鸟贝

介绍

　　鸟贝也叫石垣贝，因其形状像鸟头而得名，学名鸟蛤。生长在辽南沿海纯净冰冷海域的鲜活鸟贝，形似金钩，鲜嫩无比，故而得名金钩鸟贝。金钩鸟贝是鸟贝中的极品，口感劲道有弹性。亚洲渔港出品金钩鸟贝，以体大、壳薄艳丽、肉脆嫩、味甘美而闻名。

营养

　　鸟贝不仅肉质细嫩，味美可口，还对人体有良好的保健功效。它可以作为补充优质蛋白质和钙元素的首选原料，且鸟贝肉含有多种氨基酸，营养甚为丰富，有润肺、益精补阴之功效，为其他贝类所不及。

药理

　　鸟贝具有清热解毒、滋阴平肝、明目防眼疾等作用，适宜阴虚内热之人食用。

生活小常识：

　　◆　烹制鸟贝注意事项

　　烹饪时，鸟贝背开，沸水漂烫3秒，即可食用，如果时间长的话鸟贝会老，影响口感。

鸟贝

紫甘蓝拌鸟贝

主料：紫甘蓝500克

配料：鸟贝肉100克

调料：盐5克，味精5克，香油10克，花椒油10克，
白醋5克

制作过程

1. 紫甘蓝1个

2. 新鲜鸟贝肉100克

3. 紫甘蓝改刀成小块

4. 鸟贝去掉内脏，用水氽烫成熟

5. 将所有主、配料、调料放在拌菜盆内拌匀

6. 将拌好的菜装入盘内即可

海肠

介绍

　　海肠分布于俄罗斯、日本、朝鲜和我国渤海湾等地区，是我国北方沿海泥沙岸潮间带下区及潮下带浅水区底栖生物的常见种。海肠在胶东渔民中又称"海鸡子"，它个体肥大，肉味鲜美。

营养

海肠的体壁肌富含蛋白质和多种人体必需的氨基酸。自古以来，在我国、日本和朝鲜沿海均作为名贵的海鲜食品，有较高的经济价值。

药理

具有温补肝肾、壮阳固精的作用，特别适合男性食用。

生活小常识：

◆ 海肠的烹饪小技巧

海肠必须是活的，用剪刀将海肠两头带刺的部分剪掉，把内脏和血液洗净。炒时动作要快，以免变老。

海肠

肉末炒海肠

主料：海肠200克

配料：猪条脊肉50克，蒜薹50克

调料：甜面酱10克，老抽5克，盐3克

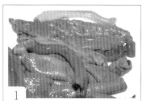

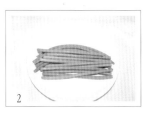

制作过程

1. 宰杀干净的海肠

2. 嫩蒜薹50克

3. 猪条脊肉

4. 将海肠改刀成丁状

5. 蒜薹切成小丁

6. 条脊肉切成小丁

7. 锅内倒少许花生油，大火烧开后下五花肉，转至中火翻炒至发白，五花肉炒白后加入甜面酱、老抽，翻炒均匀后加入蒜薹，转至中小火翻炒均匀，翻炒1分钟左右加入海肠翻炒

8. 至海肠变硬，出锅装盘即可

菠菜拌海肠

主料：菠菜300克

配料：海肠200克

调料：盐3克，味精2克，花椒油2克，蒜子10克，
葱丝5克

制作过程

1. 菠菜300克、海肠200克

2. 蒜子10克、葱丝5克、葱丝5克

3. 菠菜清洗干净改成寸断

4. 海肠宰杀清洗干净，改刀成小段

5. 蒜子制作成蒜泥

6. 菠菜氽烫至熟

7. 将所有主料、配料、调料放在拌菜盆内拌匀即可

▓▓‖ 毛蛤

介绍

　　毛蛤又称蚶，蛤类的一种，俗称瓦楞子，我国近海海域均有分布，小满后毛蛤产卵停止、个体肥满时即可收获。以辽宁、山东和河北沿海产量最多，产期多在7～9月份。

营养

毛蛤具有高蛋白、高微量元素、高铁、高钙、少脂肪的营养特点，具有降低血清胆固醇的作用。

生活小常识：

◆ 毛蛤死后能否食用

买毛蛤一定要选活的。死了的毛蛤千万别吃，死的容易有病菌滋生，吃了容易拉肚子。毛蛤买回家，放在盆里用盐水浸上一段时间，水里最好滴上几滴醋，以便于毛蛤把体内的泥沙尽快吐尽。

毛蛤

菠菜拌毛蛤

主料：菠菜300克

配料：活毛蛤300克，红辣椒1个

调料：盐3克，味精2克，花椒油2克，蒜子10克

制作过程

1.菠菜300克、活毛蛤300克

2.蒜子10克、红尖椒1个

3.菠菜改刀成寸断

4.蒜子制作成蒜泥

5.红辣椒改成细丝

6.菠菜氽烫至熟

7.将所有主料、配料、调料放
   在拌菜盆内拌匀装盘即可

海蛏子

介绍

温州苍南沿海的海蛏子，大小适中、无杂味、肉韧结实，海蛏子的肉很好吃，并且价格也很便宜，所以是一种大众化的海产食品。在我国沿海，尤其是山东、浙江和福建等省，都用人工方法养殖。

营养

海蜇子富含碘和硒，它是甲状腺功能亢进病人、孕妇、老年人良好的保健食品，海蜇子含有锌和锰，常食海蜇子有益于脑的营养补充，有健脑益智的作用。医学工作者还发现，海蜇子对因放射疗法、化学疗法后产生的口干烦热等症有一定的疗效。

药理

中医认为，海蜇子肉味甘、咸，性寒，有清热解毒、补阴除烦、益肾利水、清胃治痢、产后补虚等功效。

生活小常识：

◆ 海蜇子的清洗妙招

先将海蜇子放到一个干净的盆里，接上自来水。往水中加一点盐，中间换几次水，一般换3次以后再往水中加几滴香油浸泡一会，海蜇子就基本干净了。

海蜇子

蒜茸粉丝蒸海蛏

主料：海蛏子10个

配料：青红椒各10克，泡好的粉丝100克

调料：蒜子100克，盐5克，香油5克

制作过程

1. 海蛏子10个
2. 用温水泡好的粉丝
3. 蒜子100克
4. 蒜子切末，青红椒切末
   与蒜末搅拌，加入盐、
   生抽、香油均匀

5. 将海蛏子用沸水氽至开口取肉，海
   蛏洗好后用将泡好的粉丝剁碎，放
   在壳上依次放入海蛏肉、调好的蒜
   茸上笼蒸3分钟
6. 将蒸好的海蛏子浇上少许热油即可

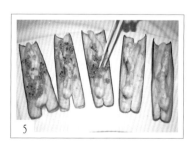

▌▌笔管鱼

介绍

　　笔管鱼形状奇特，它是一种体型细长的墨斗鱼，笔管鱼也称日本枪乌贼，又名笔管蛸，青岛等地也称它海兔子。主要分布在渤海、黄海，大连地区盛产。笔管鱼体型小，产量很大，肉质细嫩鲜美，通常冷冻后供出口。

营养

营养价值极高，内含蛋白质32％，脂肪9％，还含有维生素A、D以及矿物质等营养成分，是上等海味补品。

药理

还具有消炎退热、润肺、滋阴的功效。

生活小常识：

◆ 市场冰冻笔管鱼如何挑选

由于笔管鱼容易变质，故鲜品仅限于产地食用，销往外地的都是冰冻品。有的人在选料时，误认为肉质干瘪、体色转红的笔管鱼是经过冰冻的，于是便将变质归咎于冰冻。其实，这种说法有误，因为笔管鱼体内含有一种虾青素，本是橙红色，平时与体内的β－甲壳蓝蛋白结合，故活体呈青色或褐色，一旦死亡或烫煮后，虾青素释出，体色又会变成橙红色。所以，冰冻笔管鱼体色转红，说明它在冰冻前就已经变质了，与冰冻无关。

笔管鱼

70

白菜豆腐炖笔管鱼

主料：笔管鱼500克

配料：老豆腐100克，白菜200克

调料：盐5克，姜5克，蒜5克

制作过程

1. 笔管鱼500克、老豆腐100克、白菜200克

2. 老豆腐切成2厘米见方的块

3. 白菜撕成小块

4. 剪开笔管鱼的肚子，取出肠子、墨囊、眼睛，清理干净，改刀成小块

5. 笔管鱼汆水捞出，将汆笔管鱼的水再次烧开，放入白菜；炖至白菜变软，放入豆腐炖煮15分钟，放入汆好的笔管鱼，加盐调味

6. 制作好的菜肴装盘即可

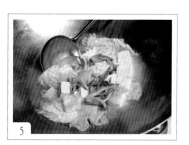

 # 舌头鱼

介绍

分布于北太平洋西部。在我国各近海渔场均可捕获，海洋岛、石岛渔场为主要产地。也叫玉秃、舌鳎等。以农历八月的舌头鱼产量最多，味道好，价格也便宜，食之鲜肥而不腻。

营养

牛舌鱼每百克内含蛋白质13.7克、脂肪1.2克，肉质细腻味美，尤以夏更汛所捕的鱼最为肥美，食之鲜肥而不腻。

生活小常识：

◆ 舌头鱼选购技巧

在购买舌头鱼的时候，可以摸一下周围的鱼鳍，还有鱼鳃的下面，会不会有红色液体，有的话，一般是涂过的，正常的话，液体是透明的。

舌头鱼

茄子焖舌头鱼

主料：舌头鱼500克

配料：茄子400克

调料：盐5克，蚝油10克，酱油5克，白糖5克，
料酒20克

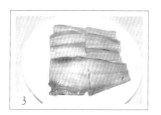

制作过程

1. 新鲜舌头鱼

2. 茄子2个

3. 将舌头鱼扒去外皮改刀

4. 茄子改刀成骨牌片大小的片

5. 另起锅热油,放入姜蒜葱末炒香,依次放盐、酱油、蚝油、料酒、白糖,再放入鱼和茄子倒入适量水炒匀

6. 用中火烧制,约5分钟即可

7. 烧制好的菜肴进行摆盘

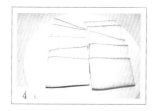

海螺

介绍

　　海螺贝壳边缘轮廓略呈四方形，大而坚厚，壳高达10厘米左右，螺层6级，壳口内为杏红色，有珍珠光泽。最大可达18厘米，平均大小7至10厘米。因品种差异海螺肉可呈白色或黄色。

营养

螺肉含有丰富的维生素A、蛋白质、铁和钙等营养元素，对人体都有很大的益处。

药理

海螺味甘、性冷、无毒。具有清热明目、利膈益胃的功效。

生活小常识：

◆ 食用海螺注意事项

食用螺类应烧煮10分钟以上，以防止病菌和寄生虫感染海螺引起食物中毒，食用前需去掉头部。

海螺

捞汁海螺脆藕

主料：海螺2个

配料：白莲藕500克

调料：海鲜捞汁300克，干辣椒10克，干花椒5克

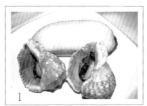

制作过程

1. 白莲藕与海螺

2. 将藕去皮改刀成滚刀块

3. 海螺取肉改刀成厚片

4. 白莲藕用水汆烫成熟

5. 海螺汆烫成熟

6. 干辣椒、干花椒用油炸香连同油
   一同倒入海鲜捞汁中，将藕放入
   捞汁中

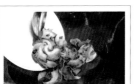

7. 将海螺放入捞汁中

8. 藕与海螺腌制10分钟

9. 将制作好的菜肴装入盘中即可

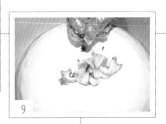

梭子蟹

介绍

    梭子蟹因头胸甲呈梭子形，故名梭子。分布于日本、朝鲜、马来群岛、红海以及我国的绝大部分沿海。肉多，脂膏肥满，味鲜美，营养丰富。

营养

　　每百克蟹内含蛋白质14克、脂肪2.6克。以蒸食为主，是海味品中之上品，其中以蟹黄的营养价值最高。它含有丰富的微量元素，大量优质的蛋白质、脂肪、磷脂、维生素A、E、胶原蛋白、钙、磷等多种人体必需的营养成份，有"海中黄金"之称。

药理

　　母梭蟹具有开胃润肺、补肾壮阳、养血活血之功效。

生活小常识：

　　◆ 梭蟹的挑选

　　1.举起梭蟹，背光察看蟹壳锯齿状的顶端，如果是完全不透光的，说明比较肥满，反之，则不饱满。

　　2.梭蟹底部呈白色甚至透明状，代表蟹刚刚换完壳。蟹由于换壳时消耗了大部分能量，所以通常肉不多；底部较脏的往往肉比较肥满。

　　◆ 梭蟹的清洗

　　1.先在梭蟹桶里倒入少量的白酒去腥，等梭蟹略有昏迷的时候用锅铲的背面将螃蟹拍晕。

　　2.用手抓住它的背部，拿刷子朝梭蟹腹部猛刷，角落不要遗漏。

　　3.检查没有淤泥后，用清水冲净即可。

梭
子
蟹

金瓜焗梭子蟹

主料：梭蟹3只（约400克）

配料：金瓜1个，葱、姜各10克，高汤400克

调料：盐10克，味精5克

制作过程

1. 主料梭蟹

2. 金瓜1个

3. 将梭蟹去掉腮，改成小块

4. 金瓜改成三角块

5. 梭蟹留蟹斗，蟹身去腮一切为

六，蘸生粉热油炸至金黄色，锅底留底油，煸葱姜，出香味时放入高汤，再放入金瓜，煮至软烂时放入炸好的梭蟹，放入盐、味精开锅1分钟后装盘即可

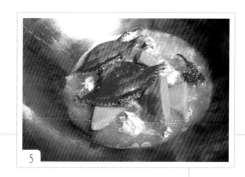

梭蟹炒年糕

主料：梭蟹2只（约300克）

配料：火锅年糕300克、香葱10克

调料：盐5克，味精4克，白糖2克，淀粉20克，
　　　葱5克，姜5克，蒜各5克，酱油10克

制作过程

1. 梭蟹2只

2. 螃蟹用筷子由头部中间插进
   去，5分钟后便会死亡，清洗
   干净后，切成块

3. 姜切丝，葱切段，蒜切片，年
   糕切片，入锅中煮开关火冲凉
   防粘连

4. 锅中放油烧热后放入蟹块、姜
   丝、蒜片翻炒至8成熟后，加
   入盐糖调鲜，放入年糕继续翻
   炒至成熟。

5. 临出锅时放入葱段翻匀装盘
   即可

生腌蟹钳

主料：蟹钳250克

配料：青、红杭椒各1个

调料：酱油10克，白糖20克，蚝油30克，东古一品
鲜酱油10克，麻辣鲜露20克

1

2

3

制作过程

1. 蟹钳250克

2. 青、红杭椒

3. 将青、红杭椒斜刀切成片

4. 将所有调料调成腌汁

5. 主、配料放入盆内，倒入腌
   汁搅拌均匀

6. 将制作好的蟹钳装入盘内

4

5

6

鲍鱼

介绍

　　鲍鱼，属于单壳软体动物，其有半面外壳，壳坚厚，扁而宽。鲍鱼是中国传统的名贵食材，位居四大海味之首，被人们称为"海洋的耳朵"。

营养

鲍鱼含有较多的钙、铁、碘和维生素A等人体不可缺少的矿物质和维生素营养价值极高。

药理

鲍鱼味甘咸，性温，有滋阴、润肺、利肠的作用，可谓是秋季进补的佳品。

生活小常识：

◆ 鲍鱼壳（石决明）的药用价值

石决明咸寒清热，质重潜阳，专入肝经，而有平肝阳、清肝热之功，为凉肝、镇肝之要药。用治肝肾阴虚、肝阳眩晕症，常与生地黄、白芍药、牡蛎等养阴、平肝药物配伍；肝阳上亢、肝火亢盛、头晕头痛、烦躁易怒者，可与夏枯草、钩藤、菊花等清热、平肝药物同用。

鲍
鱼

鸡炖鲍鱼

主料：鲍鱼10只，笨鸡1只（约750克）

配料：葱5克，姜10克，蒜10克，干辣椒5克，
八角4个，桂皮5克，香菜5克，花椒3
克，香叶5克

调料：料酒20克，盐5克，味精10克，生抽5
克，甜面酱20克，香油20克

制作过程

1. 鲍鱼10只
2. 笨鸡1只（约750克）
3. 将笨鸡剁成2厘米见方的块
4. 另起锅，将葱、姜、蒜、干辣椒、八角花椒、香叶、桂皮、一起放入锅中爆香，倒入鸡块和鲍鱼一起翻炒，加入料酒、两勺高汤，小火炖熟等汤汁浓鸡肉至熟时，将火调大，烹适量香油，炒出香味，淋花椒油装盘即可。

3

2

4

1

八带

介绍

　　八带，即章鱼，体呈短卵圆形，无鳍。头上生有8条腕，又称"八爪鱼"。腕间有膜相连，长短相等或不等，腕上具有两行吸盘。多栖息于浅海沙砾或软泥底以及岩礁处。

营养

八带含有丰富的蛋白质、矿物质等营养元素，并还富含抗疲劳、抗衰老，能延长人类寿命等重要保健因子——天然牛磺酸。

药理

益气养血，收敛，生肌。主治气血虚弱，痈疽肿毒，久疮溃烂。

生活小常识：

◆ 处理八带的小窍门

1.八带表面有很多粘液，一定要彻底清洗干净，并把内脏完全掏洗干净。

2.八带的皮腥味重，所以如果是用来炒的就一定要撕掉那层黑皮。

3.八带炒前先焯水，炒的时候才不会出水，而且炒后的口感爽脆好吃。另外八带不耐火，而且炒时不可用大火。

八
带

胶东八带酱

主料：八带100克

配料：杭椒，美人椒各10克，五花肉20克，
　　　黄瓜100克、鸡蛋2个，杂粮包10个

调料：黄豆酱5克，味精5克，鸡粉5克

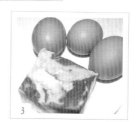

制作过程

1. 八带100克

2. 黄瓜1根，杭椒、美人椒各10克

3. 五花肉20克，鸡蛋3个

4. 八带、五花肉、美人椒、杭椒分
别切0.5厘米见方的丁，打3个鸡
蛋备用。

5. 黄瓜去皮切12厘米的长条

6. 杂粮包蒸好备用

7. 鸡蛋在锅中炒好

8. 锅留底油，将切好的八带与鸡蛋
一起炒碎，炒熟时倒出备用。然
后将肉丁放入锅内煸炒出香，加
小料放入美人椒丁、杭椒丁，炒
黄豆瓣酱，加老抽、鸡粉、味精
调味。再将炒好的八带、鸡蛋一
同放入锅中翻炒均匀，淋花椒油
出锅即可

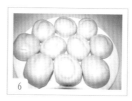

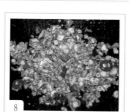

海葵

介绍

　　海葵，是一种构造非常简单的动物，没有中枢信息处理机构，换句话说，它连最低级的大脑基础也不具备。虽然海葵看上去很像花朵，但其实是捕食性动物，是中国各地海滨最常见的无脊椎动物之一，有绿海葵、黄海葵等。

营养

海葵味道香甜的液体，营养价值相当高，被视为小孩子成长期时最具营养价值的食品。有清热化痰，消肿散结，养阴润燥的功效。

生活小常识：

◆ 活海葵不能触碰

海葵隐藏着无数刺细胞，刺细胞中的刺丝囊含有带倒刺的刺丝。一旦碰到它，这些刺丝立即会刺向对手，并注入"海葵毒素"。有研究表明，海葵在发射毒素时被蜇伤，造成皮肤红肿、食欲下降、头昏乏力等。

海葵

干锅海葵

主料：海葵300克

配料：青杭椒150克，红杭椒50克，蒜子20克

调料：蚝油20克，味达美酱油10克，老抽5克，
盐5克

制作过程

1.活海葵300克

2.配料青红杭椒

3.海葵改刀成块状

4.青红杭椒改成4厘米长的段，
　蒜子去头去尾

5.锅底留油煸青红杭椒、蒜子
　出香味后放入蚝油、酱油、
　老抽、盐以及海葵翻炒均匀

6.将制作好的菜品盛入干锅内
　即可

白鳞鱼

介绍

    白鳞鱼头侧扁，前端尖，吻上翘，眼略大，脂膜薄而稍发达。两颌、腭骨和舌上密布细小牙齿。鳃孔大，假鳃发达。鳃盖膜彼此分离，不连鳃峡，无侧线。体被中等大的圆鳞，尾鳍分叉深。全身银白色，仅吻端、背鳍、尾鳍和体背侧为淡黄绿色。分布于亚热带及暖温带近海。

生活小常识：

◆ 白鳞鱼烹调时的注意事项

　　白鳞鱼很咸，蒸出的鱼与汤汁咸香，不需要放盐。蒸鱼时放点白酒，风味更佳。白鳞鱼一定要保留鱼鳞，千万不要去鳞，因为鳞的营养价值极高。

白鳞鱼

香煎白鳞鱼

主料：白鳞鱼1条（约600克）

配料：胶东大馒头，香葱100克

调料：八角20克，花椒10克，葱20克，姜20克，
盐10克

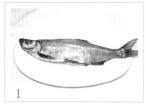

1

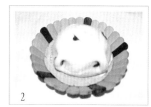

2

制作过程

3

1. 白鳞鱼1条

2. 胶东大馒头

3. 白鳞鱼宰杀洗净，两面打十字花刀

4

4. 香葱100克

5. 馒头切长条

5

6. 香葱切末

7. 将鱼放肉葱、姜、八角、花椒、盐腌制2小时

6

8. 锅放油烧至5成热时下入鱼炸制成熟，装盘即可

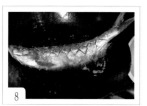

7

8

对虾

介绍

    对虾，个头巨大，肉质结实、细嫩，口感爽弹，味道鲜甜，有淡淡的海水咸味。煮熟后体色透红鲜艳，被人视作为长寿的吉兆，所以人们逢生日或喜庆佳节，对虾必是宴席上的佳肴。

营养

对虾营养丰富，且其肉质松软，易消化，对身体虚弱以及病后需要调养的人是极好的食物；对虾中含有丰富的镁，镁对心脏活动具有重要的调节作用，能很好的保护心血管系统，它可减少血液中胆固醇含量，防止动脉硬化，同时还能扩张冠状动脉，有利于预防高血压及心肌梗死。

药理

虾肉有补肾壮阳，通乳抗毒、养血固精、化瘀解毒、益气滋阳、通络止痛、开胃化痰等功效。

生活小常识：

◆ 如何辨别对虾新鲜程度

色发红、身软、掉拖的对虾不新鲜尽量不吃，腐败变质虾不可食；虾背上的虾线应挑去不吃。

◆ 虾的食用禁忌

虾尽量不与啤酒同食，不宜与猪肉同食，忌与狗肉、鸡肉、肉、鹿肉、南瓜同食，忌糖。果汁与虾相克，同食会腹泻。

对虾

萝卜丝炖虾

主料：对虾10个

配料：潍县萝卜500克

调料：盐10克

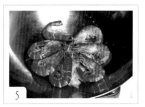

制作过程

1.对虾10个

2.潍县萝卜500克

3.萝卜切成细丝

4.萝卜丝先煸一下，放入对虾加入水

5.加入盐大火煮开，至虾汤变红

6.将萝卜丝装入盘内

7.将对虾全部摆好，浇上原汤即可

海鲜炒粉

主料：干米粉100克

配料：明虾6个，八带蛸50克，红杭椒1个，鲜花椒
20克，香菜20克

调料：美极鲜酱油10克，盐5克，老抽5克，葱、姜、
蒜片各5克

制作过程

1. 明虾与改好刀的八带蛸

2. 鲜花椒、香菜、红杭椒

3. 干米粉100克，将干米粉用
   温水浸泡20分钟

4. 锅留底油，煸葱姜片，放入
   调料，煸出香味后放入明虾与
   八带蛸，最后放入米粉炒至均
   匀装盘即可

金米虾球

主料：新鲜明虾450克

配料：小米100克，青、红杭椒各10克

调料：盐5克，味精2克

1

2

制作过程

1.新鲜明虾

2.小米100克

3.将明虾扒成虾仁，
汆烫成熟

4.小米蒸好，杭椒切
成丁，锅内留油煸
杭椒，放入小米、
虾仁以及调料

5.制作好的菜肴盛入
盘内

3

4

5

112

生蚝

介绍

    生蚝的生物学称呼叫牡蛎，是海洋中常见的贝类，南粤称"蚝"，闽南称"蛎房"，北方渔民称之为海蛎、石蛎。其属贝类，肉肥美爽滑，营养丰富，素有"海底牛奶"之美称。属牡蛎科或燕蛤科，双壳类软体动物，分布于温带和热带各大洋沿岸水域。

营养

生蚝含有丰富微量元素和糖元，对促进胎儿的生长发育、矫治孕妇贫血和恢复孕妇的体力均有好处，也是补钙的最好食品之一。

药理

生蚝具有重镇安神、潜阳补阴、软坚散结等功效。

生活小常识：

◆ 食用生蚝注意事项

1.脾胃虚寒的人尽量不要生吃。

2.暖季节的生蚝没有秋季的味道好。

3.一定挑选外壳完全封闭的生蚝。

4.生吃一定要选择来自洁净海域的优质生蚝。

生

蚝

酸菜炖生蚝

主料：生蚝10个

配料：酸菜1包，葱5克，姜5克，干辣椒5克，
　　　香葱5克

调料：盐10克，鸡精5克

制作过程

1. 生蚝10个

2. 酸菜200克

3. 将生蚝去壳取肉

4. 锅内加油烧热，放入葱、
   姜，倒入酸菜翻炒

5. 将锅里倒入适量高汤加
   盐、鸡精，将锅盖上炖
   15分钟打开锅盖将生蚝
   放入

6. 开锅煮2分钟

7. 将做好的菜肴盛入容器内
   菜肴上面撒上香葱末、干
   辣椒，用热油浇上即可

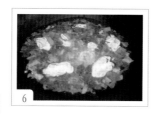

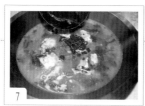

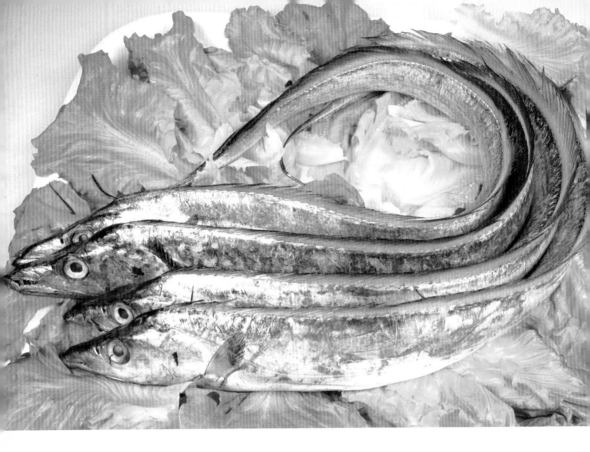

带鱼

介绍

　　中国的黄海、东海、渤海一直到南海都有分布。冬天的带鱼最肥、最美。专家介绍，冬季是带鱼的捕捞旺季，这个时候的带鱼为越冬做准备，体内积蓄了脂肪，所以肉厚油润，味道特别好。

营养

经常食用带鱼，具有补益五脏的功效；带鱼含有丰富的镁元素，对心血管系统有很好的保护作用，有利于预防高血压、心肌梗死等心血管疾病。常吃带鱼还有养肝补血、泽肤、养发、健美的功效。

药理

带鱼性温，味甘，具有暖胃、泽肤、补气、养血、健美以及强心补肾、舒筋活血、消炎化痰、清脑止泻、消除疲劳、提精养神之功效。

生活小常识：

◆ 其实带鱼鳞的价值最高

其实所谓的银鳞并不是鳞，而是一层由特殊脂肪形成的表皮，称为"银脂"，是营养价值较高且无腥无味的优质脂肪。该脂肪中含有三种对人体极为有益的物质：

1.不饱和脂肪酸，具有降低胆固醇的功效。同时可以增强皮肤表面细胞的活力，使皮肤细嫩、光洁，使头发乌黑光亮，是难得的美容秀发产品。

2.卵磷脂。可减少细胞的死亡率，能使大脑延缓衰老，被誉为能使人返老还童的魔力食品。

3.代鸟嘌呤物质。该物质是一种天然抗癌剂，对白血病、胃癌、淋巴肿瘤均有防治作用。

带

鱼

家常烩刀鱼

主料：刀鱼500克

配料：老豆腐200克，娃娃菜200克，木耳20克

调料：甜面酱20克，味达美酱油10克，老抽5克，
　　　盐5克，高汤500克，葱姜片各5克

制作过程

1. 新鲜刀鱼500克

2. 娃娃菜200克、老豆腐200克

3. 将新鲜刀鱼宰杀清洗干净，
   改刀成6厘米长的段

4. 将刀鱼入7成热的油温炸至
   金黄

5. 豆腐改成大片

6. 娃娃菜改刀成小块

7. 锅留底油煸葱姜片，飞甜面
   酱出香味后烹入酱油、老抽，
   加入高汤，主配料一同放入，
   开锅煮15分钟即可

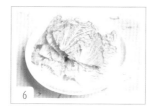

鲈鱼

介绍

    分布于近海，及河口海水淡水交汇处。十一月正值鲈鱼肥美期，此时产出的鲈鱼肉质肥美，营养丰富，还有润燥和养胃的双重作用，是冬季滋补的首选。它秋后始肥，到了秋末冬初，体内积累的营养物最丰富。

营养

鲈鱼能补肝肾、健脾胃、化痰止咳，对肝肾不足的人有很好的补益作用，还可以治胎动不安、产后少乳等症。准妈妈和产后妇女吃鲈鱼，既可补身，又不会造成营养过剩而导致肥胖。另外，鲈鱼血中含有较多的铜元素，铜是维持人体神经系统正常功能并参与数种物质代谢的关键酶功能发挥的不可缺少的矿物质。

药理

鲈鱼味甘性平，能补肝肾、健脾胃、化痰止咳，对于脾胃虚弱、消化不佳的人群来说，有非常好的滋补作用。

生活小常识：

◆ 食用海鲈鱼的利与弊

1.适宜贫血头晕，妇女妊娠水肿，胎动不安之人食用；

2.患有皮肤病疮肿者忌食。

3.鲈鱼忌与牛羊油、奶酪和中药荆芥同食。

鲈鱼

香煎鲈鱼

主料：鲈鱼1条（约700克）

调料：葱50克，姜50克，盐20克，料酒20克，花椒
10克，八角10克

制作过程

1. 鲈鱼1条

2. 大葱、大姜

3. 葱、姜切成丝

4. 葱、姜、八角、花椒

与盐加500毫升水，放入鱼腌制

5. 锅烧油至6成热时放入鱼炸制，成熟、装盘即可

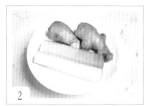

▋▋小黄鱼

介绍

    主要分布在我国渤海、黄海和东海、主要产地在江苏、浙江、福建、山东等省沿海。农历十二月的小黄鱼，肉质肥美，鲜嫩无比，入口即化。黄鱼肉嫩味鲜少骨，自古有"琐碎金鳞软玉膏"之誉。

营养

黄鱼含有丰富的蛋白质、矿物质和维生素，对人体有很好的补益作用，对体质虚弱和中老年人来说，食用黄鱼会收到很好的食疗效果，黄鱼含丰富的微量元素硒，能清除人体代谢产生的自由基，对各种癌症有防治功效。

药理

具有滋补肝肾不足，治眩晕耳鸣、两目干涩、视物昏花、腰腿酸楚等功效。

生活小常识：

◆ 大小黄鱼的区别

有人误认大小黄鱼是一种鱼，认为个体大的是大黄鱼，个体小的是小黄鱼，其实，它们是两种不同的鱼，区别它们很简单、很方便，只要仔细地观察比较一下，大黄鱼头部和眼睛都很大，小黄鱼头部较长，眼睛较小；大黄鱼尾柄长而窄，长度是高度的3倍多，小黄鱼尾柄短而宽，长度是高度的2倍多；大黄鱼鳞片较小，背鳍和侧线间有鳞8～9行，小黄鱼鳞片却较大，背鳍和侧线间有鳞5～6行。还可以把鱼肉吃掉，比较它们的脊椎骨数目，大黄鱼有脊椎骨25～27块，一般是26块，小黄鱼有脊椎骨28～30块，一般是29块，比大黄鱼多3块。

小黄鱼

糖醋小黄鱼

主料：小黄鱼1条

调料：淀粉50克，面粉100克，陈醋30克，白糖
30克，盐2克，蒜末5克

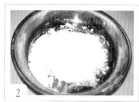

制作过程

1. 小黄鱼1条

2. 淀粉、面粉

3. 小黄鱼宰杀洗净，两面打
   牡丹花刀

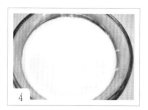

4. 淀粉、面粉加适量的水和
   成糊

5. 小黄花鱼挂糊，固定形状
   放入油锅炸制

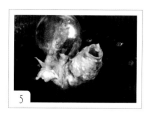

6. 炸好的黄鱼摆在盘内

7. 锅留底油煸蒜末，烹入陈
   醋，放入白糖、盐最后放
   淀粉提芡制成糖醋汁

8. 将做好的糖醋汁浇在鱼身
   上即可

▊▊鲳鱼

介绍

    分布我国沿海，南海和东海为多，黄、渤海较少。鲳鱼属于鲈形目，鲳科。体短而高，极侧扁，略呈菱形。头较小，吻圆，口小，牙细。成鱼腹鳍消失。尾鳍分叉颇深，下叶较长。体银白色，上部微呈青灰色。

营养

鲳鱼含有丰富的不饱和脂肪酸，有降低胆固醇的功效；鲳鱼含有丰富的微量元素硒和镁，对冠状动脉硬化等心血管疾病有预防作用，并能延缓机体衰老，预防癌症的发生。

药理

鲳鱼具有益气养血、补胃益精、滑利关节、柔筋利骨之功效，对消化不良、脾虚泄泻、贫血、筋骨酸痛等很有效。

鲳鱼还可用于小儿久病体虚、气血不足、倦怠乏力、食欲不振等症。

生活小常识：

◆ 烹制鲳鱼注意事项

鲳鱼忌用动物油炸制；不要和羊肉同食。
腹中鱼籽有毒，能引发痢疾。

鲳
鱼

干烧鲳鱼

主料：鲳鱼1条（约600克）

配料：青豆20克，香菇10克，笋30克，五花肉20克

调料：盐5克，葱10克，姜5克，蒜5克，红辣椒
　　　5克，料酒15克，白糖20克，胡椒粉2克，
　　　香油5克

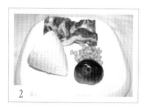

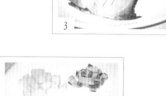

制作过程

1. 鲳鱼1条（约600克）

2. 青豆、香菇丁、笋丁、五花肉丁

3. 先把鲳鱼洗净取出内脏清洗干净，
   两面打十字花刀。

4. 把所有配料切成丁状

5. 炸好的鲳鱼

6. 锅留底油放入白糖炒糖色，放入
   五花肉丁、花椒、辣椒放入葱姜蒜、
   香菇、笋丁、加入料酒、老抽、盐、
   生抽、胡椒粉放入鲳鱼大火烧开。

7. 待鱼成熟时放入青豆，烧至汤汁浓
   稠添加香油装盘即可

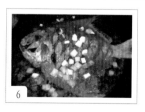

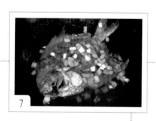

▦▎北极贝

介绍

    北极贝主要生活在日本北部和朝鲜半岛东部沿海潮下带至水深12米（39英尺）的水域，因为是附近国家主要的经济贝类而被大量捕捞，其数量也因此急剧下降。到了20世纪90年代，日本开始研究北极贝的人工培育技术。

营养

它肉质肥美，含有丰富的蛋白质和不饱和脂肪酸，脂肪含量低，富含铁质，具有抑制胆固醇的功效。

药理

北极贝对人体有着良好的保健功效，有滋阴平阳、养胃健脾等作用。

生活小常识：

◆ 烹制北极贝注意事项

1.不能与寒凉食物同食

北极贝本性寒凉，最好在食用时避免与一些寒凉的食物共同食用，饭后也不应该马上饮用一些像汽水、冰水、雪糕这样的冰镇饮品，还要注意少吃或者不吃西瓜、梨等性寒水果，以免导致身体不适。

2.不能与啤酒、红葡萄酒同食

食用北极贝饮用大量啤酒，会产生过多的尿酸，从而引发痛风。尿酸过多，会沉积在关节或软组织中，从而引起关节和软组织发炎。

北极贝

青瓜北极贝

主料：黄瓜500克

配料：北极贝100克

调料：盐3克，味精5克，香油5克，白醋10克，
　　　蒜子20克

1

2

3

制作过程

1. 北极贝60克

2. 黄瓜200克

3. 蒜子20克

4. 北极贝切成片

5. 将黄瓜去皮

6. 黄瓜一切为四，再斜
   刀片成片

7. 蒜子制成蒜泥

8. 将所有主配料放入盆内拌匀

9. 制作好的菜肴装入盘内

4

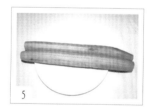

5

6

7

8

9

136

菠菜拌北极贝

主料：菠菜300克

配料：北极贝50克

调料：盐3克，味精2克，花椒油2克，蒜子10克

1

2

制作过程

1. 菠菜300克、北极贝50克、
   蒜子10克
2. 菠菜清洗干净改成寸段
3. 北极贝在中间一切为二，
   再改成小片
4. 蒜子制作成蒜泥
5. 菠菜用沸水氽烫至熟
6. 将所有主料、配料、调料放
   在拌菜盆内拌匀装盘即可

3

4

5

6

扇贝

介绍

　　广泛分布于世界各海域，以热带海的种类最为丰富。中国已发现约45种，其中北方的虾夷扇贝和南方的华贵栉孔扇贝及长肋日月贝是重要的经济品种。扇贝又名海扇，其肉质鲜美，营养丰富，它的闭壳肌干制之后即是干贝，被列为八珍之一。

营养

　　属名贵的海珍品，含有肝糖，还含有已氨酸、琥珀酸，为"天下绝品"。适用于人体脾气虚弱，运化无力所致的脘腹胀满。

药理

　　具有治疗食欲不振，肢倦乏力等症。暖胃，治疗胃寒症。

生活小常识：

　　◆　正确解冻冷冻扇贝

　　冷冻的扇贝必须要在解冻之前烹制，冷冻扇贝肉紧实、湿润、有光泽，扇贝的烹制时间不宜过长（通常3～4分钟），否则就会变硬、变干并且失去鲜味。将扇贝解冻时，可以把它们放入煮沸的牛奶（已停止加热）中，或者放入冰箱冷藏室内解冻。

扇
贝

木耳爆贝丁

主料：水发木耳200克

配料：扇贝丁100克，红彩椒，黄彩椒各1个

调料：盐5克，蒜蓉辣酱50克，味精5克，葱姜
各20克

制作过程

1.木耳200克、扇贝丁100克

2.葱、姜、五彩椒切成丁

3.葱姜切成片

4.将木耳汆水备用

5.锅留底油煸葱姜片，倒入
辣椒酱炒出香味后放入主
配料及其他调料，翻炒均
匀装盘即可

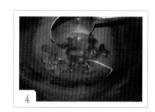

142

海蜇

介绍

　　海蜇，俗称为水母。海蜇属钵水母纲，是生活在海中的一种腔肠软体动物，体形呈半球状，可食用，上面呈伞状，白色，借以伸缩运动，称为海蜇皮，下有八条口腕，其下有丝状物，呈灰红色，叫海蜇头。

营养

海蜇的营养极为丰富，据测定：每百克海蜇含蛋白质12.3克、碳水化合物4克、钙182毫克、碘132微克以及多种维生素以及丰富的胶原蛋白与其他活性物质，是一种营养价值极高的海鲜食品。

药理

多痰、哮喘、头风、风湿关节炎、高血压、溃疡病、大便燥结的病人适合多吃海蜇。

生活小常识：

◆ 如何应对海蜇蜇伤

一旦被海蜇蜇伤，不要用淡水冲洗，因淡水可促使刺胞释放毒液，应尽快用毛巾、衣服、泥沙擦去黏附在皮肤上的触手或毒液，可用碳酸氢钠（小苏打）或明矾清洗伤处。若损伤面积大，全身反应严重者，要及时去医院治疗。

海
蜇

菠菜拌海蜇

主料：菠菜300克

配料：海蜇200克，木耳10克

调料：盐3克，味精2克，花椒油2克，蒜子10克

制作过程

1. 海蜇200克、菠菜300克

2. 木耳10克、蒜子10克

3. 海蜇改刀成段状

4. 木耳切成丝状

5. 菠菜改刀成寸断余烫至熟

6. 蒜子制作成蒜泥

7. 将所有主料、配料、调料
   放在拌菜盆内拌匀即可

图书在版编目（ＣＩＰ）数据

四季养生小海鲜 / 黑伟钰著. — 济南：山东教育
出版社，2015
ISBN 978-7-5328-9136-8

I. ①四… II. ①黑… III. ①海产品—菜谱 IV.
①TS972.126

中国版本图书馆CIP数据核字（2015）第234840号

四季养生小海鲜

黑伟钰 著

主　管：山东出版传媒股份有限公司
出版者：山东教育出版社
　　　　（济南市纬一路321号　　邮编：250001）
电　话：(0531)82092664　　传真：(0531)82092625
网　址：sjs.com.cn
发行者：山东教育出版社
印　刷：济南森众印务有限公司
版　次：2015年11月第1版第1次印刷
规　格：710mm×1000mm　16开本
印　张：9.75印张
字　数：57千字
书　号：ISBN 978-7-5328-9136-8
定　价：40.00 元

（如印装质量有问题，请与印刷厂联系调换）
（电话:0531—88167888）